机械本体结构
设计及应用

张蕊华　周红明　主编

复旦大學 出版社

图书在版编目(CIP)数据

机械本体结构设计及应用/张蕊华,周红明主编. —上海:复旦大学出版社,2019.9
ISBN 978-7-309-14589-2

Ⅰ.①机… Ⅱ.①张…②周… Ⅲ.①机械设计-结构设计-研究 Ⅳ.①TH122

中国版本图书馆 CIP 数据核字(2019)第 181579 号

机械本体结构设计及应用
张蕊华 周红明 主编
责任编辑/陆俊杰 方毅超

复旦大学出版社有限公司出版发行
上海市国权路 579 号 邮编:200433
网址:fupnet@fudanpress.com http://www.fudanpress.com
门市零售:86-21-65642857 团体订购:86-21-65118853
外埠邮购:86-21-65109143
上海丽佳制版印刷有限公司

开本 787×960 1/16 印张 6.25 字数 88 千
2019 年 9 月第 1 版第 1 次印刷

ISBN 978-7-309-14589-2/T·652
定价:50.00 元

目　　录

第一章

【机械本体结构设计及应用】

常用的基础机械结构介绍

在机械装备中所使用的机构类型很多,它们都由一系列的刚体所组成,组成机构的各刚体之间互相作有规律的相对运动,各刚体在完成运动的传递和变换的同时,也完成力的传递和变换。因此,机构是一个具有一定相对运动的刚体的组合系统。

随着电子技术、液压技术及其他新技术的发展,在现代机械装备中所使用的机构范围日益扩大,大多数机械装备常用的典型机构大致可以分为以下几类:(1)平面连杆机构;(2)凸轮机构;(3)齿轮机构;(4)轮系机构。

1.1 平面连杆机构

1.1.1 平面连杆机构的基本结构

平面连杆机构是由若干构件用低副(转动副、移动副)连接组成的平面机构。最简单的平面连杆机构由 4 个构件组成,称为平面四杆机构。由于连杆机构中的运动副都是面接触的低副,因而具有承受的压强小,便于润滑,磨损较轻,承载能力高等优点,被广泛应用于各种机械、仪表和各种机电产品中。

平面连杆机构的优点:

(1) 适用于传递较大的动力,常用于动力机械;

（2）依靠运动副元素的几何形面保持构件间的相互接触,且易于制造,易于保证所要求的制造精度;

（3）能够实现给定的运动轨迹曲线和运动规律,工程常用来作为直接完成某种轨迹要求的执行机构。

平面连杆机构的不足之处:

（1）不宜传递高速运动;

（2）可能产生较大的运动累积误差。

1.1.2　平面连杆机构的分类

平面连杆机构的类型很多,从组成机构的杆件数来看有四杆机构、五杆机构和六杆机构等,一般将由 5 个或 5 个以上的构件组成的连杆机构称为多杆机构。最简单的平面连杆机构由 4 个构件组成,称为平面四杆机构。平面铰链四杆机构根据其两连架杆的运动形式不同,可分为双曲柄机构、曲柄摇杆机构和双摇杆机构 3 种基本形式。

（1）双曲柄机构:以最短杆为机架,则两连架为曲柄,该机构为双曲柄机构。在该机构中,主动曲柄作等速运动,从动曲柄作变速运动。其结构如图 1-1(a)所示。

（2）曲柄摇杆机构:以最短杆的相邻构件为机架,则最短杆为曲柄,另一连架杆为摇杆,即该机构为曲柄摇杆机构。其结构如图 1-1(b)所示。

（3）双摇杆机构:以最短杆的对边构件为机架,均无曲柄存在,即该机构为双摇杆机构。其结构如图 1-1(c)所示。

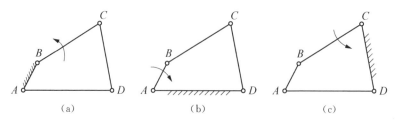

(a)　　　　　　　　(b)　　　　　　　　(c)

图 1-1　平面铰链四杆机构

1.2 凸轮机构

1.2.1 凸轮机构的基本结构

凸轮机构是一种常见的运动机构,如图1-2所示,它是由凸轮、从动件和机架组成的高副机构。当从动件的位移、速度和加速度必须严格按照预定规律变化,尤其当原动件作连续运动而从动件必须作间歇运动时,则以采用凸轮机构最为简便。凸轮从动件的运动规律取决于凸轮的轮廓线或凹槽的形状,凸轮可将连续的旋转运动转化为往复的直线运动,可以实现复杂的运动规律。凸轮机构广泛应用于各种自动机械、仪器和操纵控制装置。凸轮机构之所以得到如此广泛的应用,主要是由于凸轮机构可以实现各种复杂的运动要求,而且结构简单、紧凑,可以准确实现要求的运动规律。只要适当地设计凸轮的轮廓曲线,就可以使推杆得到各种预期的运动规律。

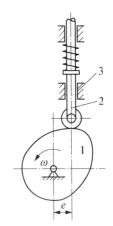

图1-2 凸轮机构示意图

当凸轮机构用于传动机构时,可以产生复杂的运动规律,包括变速范围较大的非等速运动,以及暂时停留或各种步进运动;凸轮机构也适宜于用作导引机构,使工作部件产生复杂的轨迹或平面运动;当凸轮机构用作控制机构时,可以控制执行机构的自动工作循环。因此凸轮机构的设计和制造方法对现代制造业具有重要的意义。

凸轮机构的优点:只要正确地设计和制造出凸轮的轮廓曲线,就能实现从动件所预期的复杂运动规律的运动;凸轮机构结构简单、紧凑、运动可靠。

凸轮机构的不足之处:凸轮与从动件之间为点接触或线接触,故难以保持良好的润滑,容易磨损。

1.2.2 凸轮机构的分类

凸轮结构形式多样,种类繁多,大体可以按照3大类进行划分:按凸轮的几何形状分类;按从动件的几何形状和运动方式分类;按凸轮与从动件维持接触的方式分类。

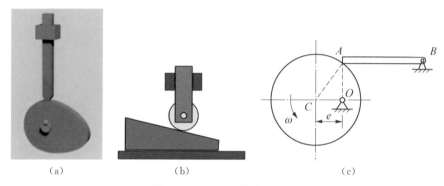

(a)　　　　　　　　　(b)　　　　　　　　　(c)

图 1-3　平面凸轮类型

1. 按凸轮的几何形状分类

1) 平面凸轮:凸轮形状为扁平状。平面凸轮又可细分为三种形式。

(1) 盘形凸轮:如图 1-3(a)所示。盘形凸轮是具有径向廓线尺寸变化并绕其轴线旋转的凸轮。

(2) 移动凸轮:如图 1-3(b)所示。移动凸轮是指当盘形凸轮的回转中心趋于无穷远时,凸轮相对于机架作直线运动。

(3) 圆弧凸轮:以一个整体的偏心圆或以若干段光滑连接的圆弧作为轮廓曲线的盘形凸轮。图 1-3(c)所示的是一个偏心圆结构。

2) 空间凸轮:空间凸轮主要分为圆柱凸轮和圆锥凸轮两类。

(1) 圆柱凸轮:圆柱凸轮是一个在圆柱面上开有曲线凹槽或在圆柱端面上作出曲线轮廓的构件,它可以看做是将移动凸轮卷成圆柱体演化而成的。凸轮的轮廓曲面可以分布在圆柱体的端面,如图 1-4(a)所示;也可以分布在圆柱面的曲线槽,如图 1-4(b)所示;或分布在圆柱面的曲线凸缘上,如图 1-4(c)所示。

(2) 圆锥凸轮:基体呈圆锥状,工作表面分布在圆锥面上,如图 1-4(d)所示,或圆锥端面上。

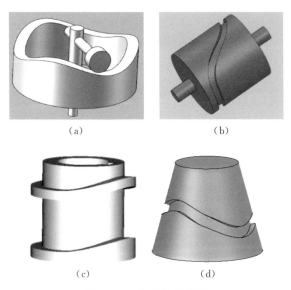

（a）　　　　　　　　　　（b）

（c）　　　　　　　　　　（d）

图 1-4　空间凸轮类型

2. 按从动件的几何形状和运动方式分类

从动件的运动方式通常可以分为直线往复移动和绕固定轴线的往复摆动两大类。下述各种形状的从动件均可按这两种运动方式之一工作。从动件的形状是指它与凸轮的接触元素的几何特性，主要有以下 3 重类型。

（1）尖顶从动件：图 1-5（a），（b）所示为尖顶从动件，其中图 1-5（a）所示为直动从动件，图 1-5（b）所示为摆动从动件。此类从动件是以尖顶的形式与凸轮轮廓接触，此类从动件可以与凸轮轮廓保持良好的接触，不会因为凸轮

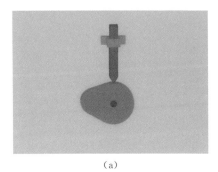
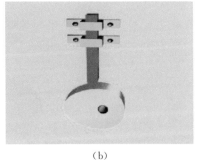

（a）　　　　　　　　　　（b）

图 1-5　尖顶从动件

轮廓曲线上某些部位曲率半径过小而导致运动失真。但缺点是尖端部分容易产生磨损,接触面积小不便于润滑,因此仅适用于轻载和低速运转的场合。

(2)滚子从动件:图1-6所示为滚子从动件。凸轮机构工作时,滚子与凸轮轮廓作相对滚动,从而减小摩擦阻力,减轻从动件和凸轮轮廓的磨损。工程中常采用深沟球轴承或者圆柱滚子轴承作为滚子。滚子从动件是一种应用最为广泛的从动件形式。

(3)平底从动件:图1-7所示为平底从动件。平底从动件只能够与外凸的平面凸轮轮廓保持正确的接触和传动。若凸轮轮廓上存在内凹部分就不能正确再现给定的从动件的运动规律。平底从动件的特点是从动件上所受的作用力始终保持与平底线垂直;当机构运转时,由于接触元素之间的相对运动,易于形成润滑油膜,从而大幅度减少摩擦损失和接触元素磨损。该类从动件适用于高速重载荷的凸轮机构中。

图1-6 滚子从动件

图1-7 平底从动件

3. 按凸轮与从动件维持接触的方式分类

（1）力锁合凸轮机构：靠重力、弹簧力或其他外力使从动件与凸轮始终保持接触的凸轮机构，其中图1-8(a)所示为采用弹簧力，图1-8(b)所示为利用从动件自身的重力，力锁合的优点是凸轮轮廓制造较为方便。

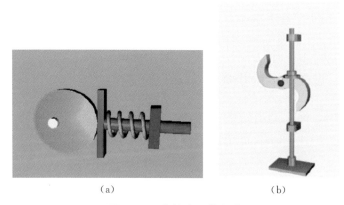

（a） （b）

图1-8 力锁合凸轮机构

（2）形锁合凸轮机构：利用本身的几何形状，使从动件与凸轮始终保持接触的凸轮机构。该形式的凸轮机构可以免除弹簧附加力，效率较高；缺点是机构外轮廓尺寸较大，设计较为复杂。该类凸轮机构有许多不同的形式，如图1-9(a)所示的沟槽凸轮机构，图1-9(b)所示的等宽凸轮机构和等径凸轮机构等。

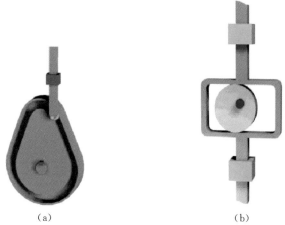

（a） （b）

图1-9 几何形状锁合凸轮机构

1.3 齿轮机构

齿轮机构是现代机械中应用最广泛的传动机构之一,它可以用来传递空间任意两轴之间的运动和动力,具有传动功率范围大、效率高、传动比准确、使用寿命长、工作安全可靠等特点。

1.3.1 齿轮机构的组成

在回转体表面上制出轮齿,工作时靠回转体表面的轮齿推着另一个回转体表面的轮齿传递运动的机构称为齿轮传动,带有轮齿的回转体称为齿轮,两个相啮合的齿轮与一个连接两齿轮的机架构成了齿轮机构。要保持两齿轮具有稳定的传动比,齿轮的齿廓应符合齿廓啮合的基本定律。

1.3.2 齿轮机构的类型

按照两齿轮啮合时的相对运动,可分为平面齿轮机构和空间齿轮机构。平面齿轮机构的轴线互相平行,且两轮的角速度之比为常数。常用的有直齿圆柱齿轮(图 1－10)、斜齿圆柱齿轮(图 1－11)和人字齿轮(图 1－12)。

图 1－10　直齿圆柱齿轮机构

图 1－11　斜齿圆柱齿轮机构

两个外直齿圆柱齿轮啮合时两轮转动方向相反,工作时无轴向力,制造简单,但传动平稳性较差,应用较广泛。

两啮合斜齿圆柱齿轮转动方向相反,传动平稳性好,工作时有轴向力,但不宜做滑动变速齿轮,用于高速、重载传动。

两啮合的人字齿轮,两轮转动方向相反,承载能力高,无轴向力,但制造困难。

空间齿轮机构的两齿轮运动是空间运动,两齿轮轴线不平行。按两轮轴线的位置,空间齿轮机构又可分为两类。

(a) 传递两相交轴运动的齿轮机构,常用圆锥齿轮机构(图 1－13),其轴交角为 90°的被广泛应用,制造、安装容易。

图 1－12　人字齿轮机构

图 1－13　圆锥齿轮机构

(b) 传递不平行也不相交两轴转动的齿轮机构,如螺旋齿轮机构(图 1－14)、涡轮蜗杆(图 1－15)。

图 1－14 所示为一对常用的轴交角为 90°的螺旋齿轮传动机构。两个齿轮的螺旋角方向可相同也可相反,其轴交角等于两螺旋角之和的绝对值。啮合为点接触,传动效率低、寿命短,常用于低速传动,如进给机构等辅助传动,有轴向力。

在蜗轮蜗杆传动中,通常蜗杆为主动件,蜗轮为从动件,传动比较大,结构紧凑;传动平稳,噪声小;能自锁,但效率低,有轴向力。

图 1-14 螺旋齿轮机构

图 1-15 蜗轮蜗杆机构

除了上述的齿轮机构外,还有齿轮齿条机构(图 1-16),它可将齿轮的旋转运动转换为齿条的直线移动,也可将齿条的直线移动转换为齿轮的旋转运动。

图 1-16 齿轮齿条机构

1.4 轮系机构

在各种机械中,常常会采用一系列相互啮合的齿轮组成的传动系统,将主动轴和从动轴连接起来,实现运动和动力的传递或变换。这种以一系列齿轮组成的传动系统就称为轮系。

根据轮系结构组成的复杂程度,轮系可以分为基本轮系和组合轮系。根据轮系运转时各轮几何轴线的相对位置是否变动,又可以将基本轮系分为定轴轮系和周转轮系两种基本类型。

1.4.1　定轴轮系

定轴轮系是指轮系运转时,其各个齿轮的轴线相对于机架的位置都是固定的,如图 1-17 所示。

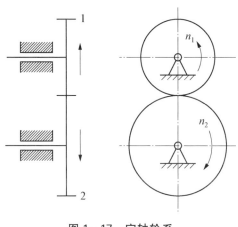

图 1-17　定轴轮系

1.4.2　周转轮系

周转轮系是指传动时,轮系中至少有一个齿轮的几何轴线位置不固定,而是绕另一个齿轮的固定轴线回转,如图 1-18 所示。

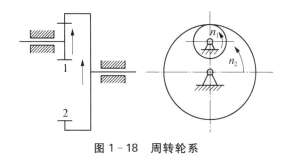

图 1-18　周转轮系

周转轮系按照其自由度的数目又可分为行星轮系和差动轮系两种基本类型。具有两个自由度的周转轮系则称为差动轮系,而只具有一个自由度的周转轮系称为行星轮系,分别如图 1 – 19(a)和(b)所示。一个完整的周转轮系由中心轮、行星轮和系杆三部分构成,具体为:

(1)中心轮:在周转轮系运转过程中,绕固定轴线回转的齿轮,称为中心轮,又称太阳轮,如图 1 – 19 中的齿轮 1 和齿轮 3。

(2)行星轮:既绕自己的轴线作自转,又绕中心轮的轴线作公转的齿轮,称为行星轮,如图 1 – 19 中的齿轮 2。

(3)系杆:带动行星轮作公转的构件,称为系杆,又称行星架或转臂,如图 1 – 19 中的构件 H。

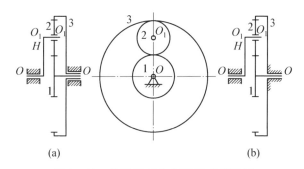

图 1 – 19　差动轮系与行星轮系示意图

在行星轮系中,两个中心轮有一个固定;在差动轮系中,两个中心轮都可以动。当一个中心轮的输入速度为零,差动轮系变为行星轮系。

周转轮系(行星轮系和差动轮系)的结构形式很多,常根据其中构件的组成情况分为:$2K – H$ 型、$3K$ 型和 $K – H – V$ 型等,其中 K 代表中心轮,H 代表行星架,V 代表输出构件。

(1)$2K – H$ 型:如图 1 – 19 所示,轮系中有两个中心轮。

(2)$3K$ 型:如图 1 – 20 所示,轮系中有 3 个行星轮,行星架只是起支撑行星轮的作用。

(3)$K – H – V$ 型:如图 1 – 21 所示,其运动是通过等速机构由 V 轴输出。

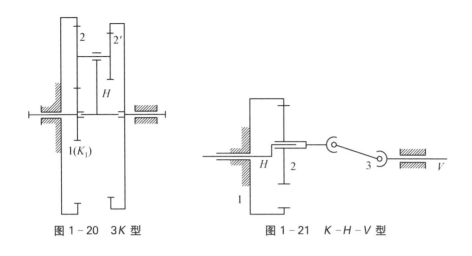

图 1-20　3K 型　　　　　　图 1-21　K-H-V 型

在实际机械结构中,往往不是单一的定轴轮系或单一的周转轮系,而是这两种基本轮系的有机组合,这种复杂的轮系就称为混合轮系,图 1-22 所示的轮系就是由定轴轮系和差动轮系组合而成的混合轮系。图 1-22 所示的混合轮系的左半部为定轴轮系,右半部为周转轮系。

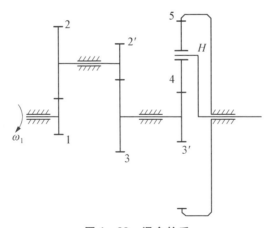

图 1-22　混合轮系

第二章

【机械本体结构设计及应用】

平面连杆机构设计与案例

2.1 雷达仰角调整机构设计

图 2-1 所示为雷达仰角调整机构,该机构由平面四连杆构成,机构工作时曲柄 1 作为主动件绕着固定铰链支座作匀速转动,通过杆件 2 驱动摇杆 3 往复摆动,从而实现雷达仰角在一定范围内的自动调整。

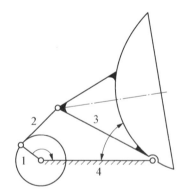

图 2-1 雷达仰角调整机构示意图

2.2 车门开闭机构设计

图 2-2 所示为车门开闭机构,该机构是基于双曲柄机构设计的,曲柄 1

为主动曲柄,当曲柄 1 转动时,通过杆件 2 带动从动曲柄沿着与主动曲柄相反的方向转动,从而保证左右两扇门能同时实现开启和关闭。

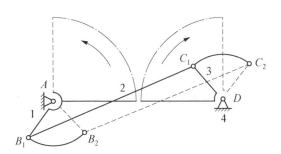

图 2-2 车门开闭机构示意图

2.3 缝纫机踏板机构设计

图 2-3 所示为缝纫机踏板机构,此为一个平面四连杆机构,外力驱动摇杆 1 绕着固定铰链支座作往复摆动,通过杆件 2 带动曲柄 3 绕着固定铰链转动,从而带动皮带轮作周转运动。

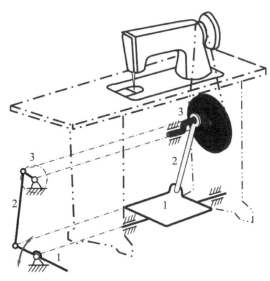

图 2-3 缝纫机踏板机构示意图

2.4　椭圆形跑步机机构设计

图 2-4　椭圆形跑步机

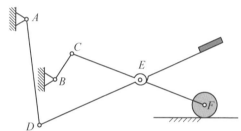

图 2-5　椭圆形跑步机机构示意图

　　图 2-4、图 2-5 所示是椭圆机及其机构简图。椭圆跑步机是一种新型的跑步机,因它能够模拟人跑步时近似椭圆的步态而得名。其中 BC 构件为阻尼构架,带动负载旋转。

2.5　一种曲柄摇杆仿生机器人机构设计

　　曲柄摇杆仿生行走机器人主要仿生运动的对象是腿部运动,利用一个驱动源通过曲柄摇杆机构实现多条腿的运动。曲柄摇杆机构的原理图如图 2-6 所示,曲柄在外力作用下产生旋转,通过连杆带动摇杆产生往复摆动,模仿机器人的行走动作。

　　图 2-7 所示的是一种曲柄摇杆仿生行走机器人的样机。

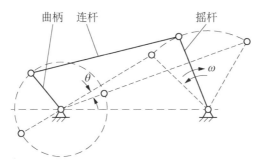

图2-6　曲柄摇杆仿生行走机器人机构示意图

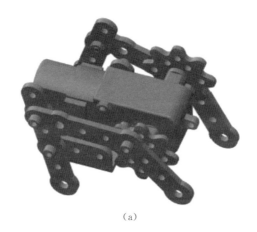

（a）

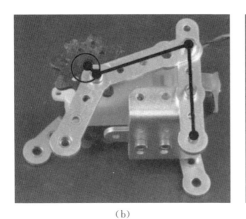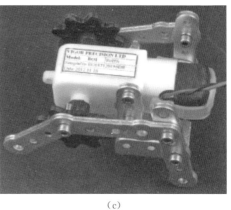

（b）　　　　　　　　　　　　（c）

图2-7　曲柄摇杆仿生行走机器人样机

2.6 伸缩台灯机构设计

采用连杆组传动的方式升降灯身,断电后自动收起以节约空间。升降部分的原理机构简图如图 2-8 所示,曲柄 1 在电机作用下可在一定角度范围内实现摆动,通过连杆 3 带动摇杆 3 也实现摆动,摇杆 3 通过活动铰链带动杆件 4 实现上下旋转运动,从而使台灯能够完成伸缩动作。

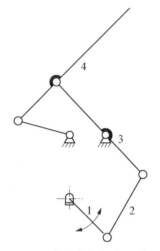

图 2-8 伸缩台灯机构示意图

参考样机如图 2-9 所示。

图 2-9 伸缩台灯样机

2.7　伸缩晾衣架机构设计

图 2-10 所示为平行四边形机构,其中 $BC = CD = AC = CE = EF = DF = FH = FG$。很多伸缩衣架、伸缩隐藏楼梯、伸缩门均采用此机构。

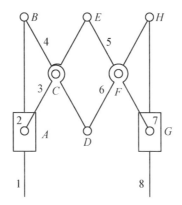

图 2-10　伸缩衣架机构示意图

伸缩衣架样机如图 2-11 所示。

图 2-11　伸缩衣架样机

2.8 折叠桌子机构设计

图 2 - 12 所示为折叠桌子机构示意图，机构中 $AB = CD$，$AG = DH$，$AF = DF$。展开时 AG 与 BG 垂直，DH 与 GH 垂直。

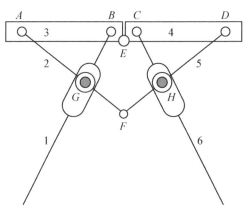

图 2 - 12 折叠桌子机构示意图

2.9 折叠椅子机构设计

图 2 - 13 所示的折叠椅子是基于四杆机构设计而成的，其中 $AB + BC = AD + CD$。折叠时一般一只手将构件 1 固定为机架，另一只手向上收起构件 2。

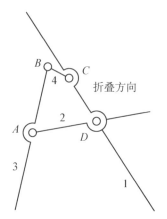

图 2 - 13 折叠椅子机构示意图

折叠椅子实物如图 2 - 14 所示。

图 2 - 14 折叠椅子实物图

2.10 汽车雨刷器机构设计

图 2 - 15 所示的车用雨刷器是由曲柄摇杆机构与平行四边形机构串接

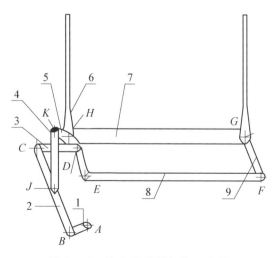

图 2 - 15 汽车雨刷器机构示意图

而成。两个雨刷 6 是 $EHGF$ 平行四边形机构中的摇杆,分别与 EH、FG 固接,并于 $ABCD$ 曲柄摇杆机构中的摇杆 3 铰接,HG 为机架。主动曲柄 1 绕机架上的 A 点转动时,雨刷 6 完成刷雨水运动。

2.11 弓锯床运动机构设计

图 2-16 所示为弓锯床主运动机构,它利用了偏置曲柄滑块机构的原理,即曲柄转动中心与滑块转动副中心的运动轨迹是偏置的。转盘 1 绕机架上的 A 点转动,其上有一个梯形槽,用梯形螺栓与连杆 2 在 B 点铰接,移动梯形螺栓可调节 AB 的长度,AB 为曲柄长度;连杆 2 的另一端与滑块 3(锯弓)在滑轨 4 上滑动,完成锯切动作。

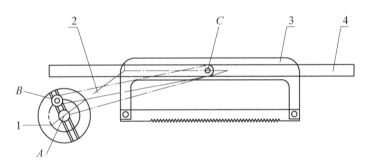

图 2-16 弓锯床主运动机构示意图

2.12 加热炉炉门启闭机构设计

图 2-17 所示的加热炉炉门启闭机构常用于热处理实验室。由于加热温度高,要求保温效果好,因此炉门较重,一般要求采用机械启闭。如图 2-18 所示,加热炉炉门启闭机构实际上是一个双摇杆机构,摇杆 1 为主动摇杆,摇杆 2 为从动摇杆。

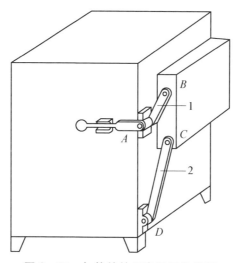

图 2-17 加热炉炉门启闭机构简图

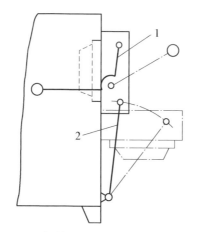

图 2-18 加热炉炉门启闭机构运动示意图

2.13 砂箱翻转机构设计

图 2-19 所示的砂箱翻转机构,在上下砂箱中型砂充填完毕后,翻箱起模时要保证上下砂箱不能有较大的错位,该机构为一个双摇杆机构。ABCD 为双摇杆机构,AB 为摇杆,CD 为摇杆,CB 为连杆,AD 为机架。上砂箱 1

与连杆固接,下砂箱 2 静止不动。

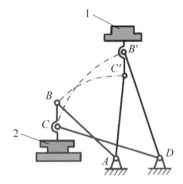

图 2－19　砂箱翻转机构示意图

2.14　多连杆破碎机构设计

图 2－20 所示为多连杆破碎机构。如图 2－20 所示,当 $AB = BC$,
$AE = CF$ 时,扳动手柄 1,从动压头 5 可沿机架 6 的垂直导轨上下移动。
$ACFE$ 是一个双摇杆机构。顺时针转动手柄 1,压头 5 向下移动实现破碎动
作,反之,压头 5 向上移动。

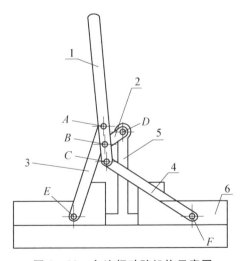

图 2－20　多连杆破碎机构示意图

2.15　牛头刨床横向进给机构设计

图 2－21 所示为牛头刨床横向进给机构,该机构由曲柄摇杆机构组成。机构工作时,齿轮 1 带动齿轮 2 及与齿轮 2 同轴的曲柄 3 一起转动,连杆 4 使带有棘爪的摇杆 5 绕 D 点摆动。与此同时,棘爪推动棘轮 6 上的轮齿,使与棘轮联接在一起的丝杆 7 转动,从而完成工作台的横向运动。

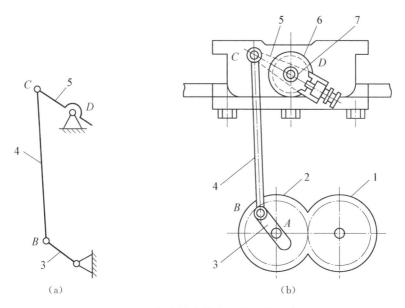

（a）　　　　　　　　　　（b）

图 2－21　牛头刨床横向进给机构示意图

2.16　四轮底盘机构设计

如图 2－22 所示,该转向机构有两个互为镜像的四连杆机构组成,由驱动杆 AB、连杆 $BC1$、输出杆 $C1D1$ 以及支架构成一个连杆机构,另一个四连杆机构与前一个四连杆机构以 AB 为对称轴成镜像关系。当车辆需要转向时,驱动杆 AB 摆动通过连杆 $BC2$ 将运动传递给 $C2D2$,通过 $BC1$ 将运动传递给 $C1D1$,使 $C1D1$ 和 $C2D2$ 产生摆动,完成车辆的转向动作。

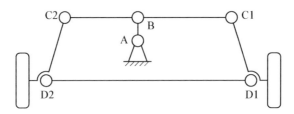

图 2-22　底盘转向机构示意图

参考样机如图 2-23 所示。

图 2-23　底盘转向样机

2.17　飞机起落架机构设计

图 2-24 所示为飞机起落架机构。机构由连杆 1、2、3 及油缸 4 和活塞杆 5 等组成。点 A、E、D 是设置在机体上的固定点。点 B、C 可以活动。当杆 5 从活塞顶出时,机轮成着陆状态,杆 5 进入油缸时,机轮藏入机体内。

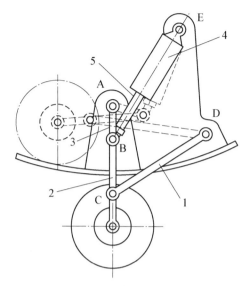

图 2-24 飞机起落架机构示意图

2.18 连杆式惯性筛机构设计

图 2-25 所示为连杆式惯性筛机构,该机构为六连杆机构,机构工作时电机带动主动曲柄 1 作等速转动,通过连杆 3 驱动从动曲柄 3 作变速旋转,从动曲柄 3 变速旋转时带动连杆 5 进行变速运动,从而使得筛子 AB 产生具有加速度的往复直线运动,实现筛选功能。

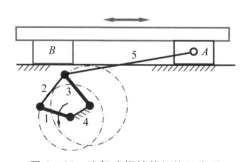

图 2-25 连杆式惯性筛机构示意图

2.19 连杆式搅拌器机构设计

图 2-26 所示为连杆式搅拌器机构,主动曲柄 1 在电机驱动下绕固定铰链作匀速圆周运动,从动曲柄 3 通过连杆 2 由曲柄 1 带动作往复摆动,使得安装在 E 点处的搅铲沿着点划线构成的曲线运动,可实现对物料的均匀搅拌。

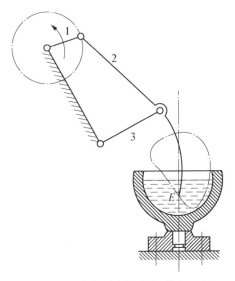

图 2-26　连杆式搅拌器机构示意图

第三章

【机械本体结构设计及应用】

凸轮机构设计与案例

3.1 乒乓球发球机构设计

图 3-1 所示为一种乒乓球发球机构的工作原理图。该系统包括两套凸轮机构：置球凸轮机构和击打凸轮机构。置球凸轮机构将乒乓球 3 从球仓 4 中推送到击打位置 G，同时击打凸轮机构驱动击打杆 8，准备击打。击打凸轮旋转至轮廓线突变位置，击打杆 8 在弹簧 9 的作用下快速运动，完成发球动作。置球凸轮和击打凸轮同步旋转，每转一周完成一次发球动作。

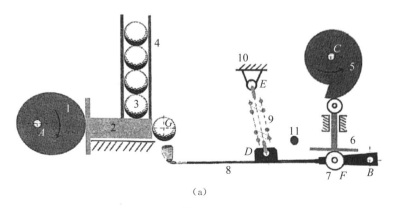

（a）

图 3-1

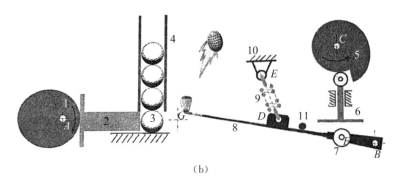

（b）

图 3-1　乒乓球发球机构示意图

3.2　凸轮夹紧机构设计

图 3-2 所示为一个凸轮夹紧机构,转动手柄带动凸轮 1 转动,凸轮驱动三个摇臂 2,绕转轴 5 转动,从而将零件 4 夹紧。三个摇臂上安装有可调节螺杆 3,用于调节夹紧力的大小。

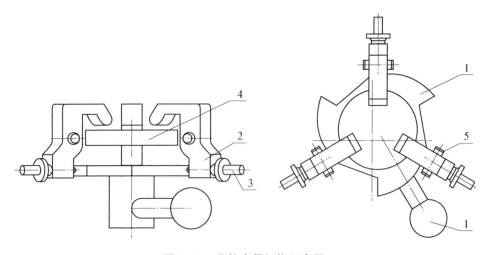

图 3-2　凸轮夹紧机构示意图

3.3 巧克力输送机构设计

图3-3所示为一个利用凸轮机构设计的巧克力送料装置。在该机构中,当有凹槽的圆柱凸轮1连续等速转动时,通过嵌于其槽中的滚子驱动从动件2往复移动,凸轮1每转动一周,从动件2即从喂料器中推送出一块巧克力并将其送至待包装位置。

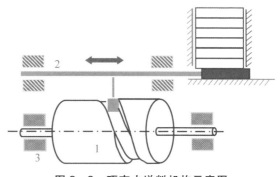

图3-3 巧克力送料机构示意图

3.4 摆动筛机构设计

图3-4所示为一种摆动筛机构,该机构的功能主要依靠一个偏心轮来实现。当主动偏心轮1转动时,通过左右两个带轮带动筛体2往复摆动。筛

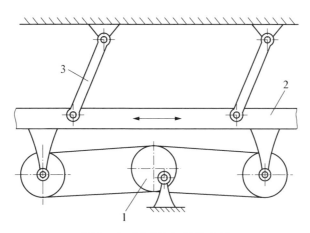

图3-4 摆动筛机构示意图

体2悬挂在铰链连接的杆或平板弹簧上。这种机构由于采用两个扰性皮带，可吸收一部分能量，动力性能较好。

3.5　凸轮分度间歇机构设计

如图3-5所示，该机构由转盘1、圆柱凸轮2及机架组成。转盘上分布着若干个滚子3，转盘轴线与滚子轴线相平行，装盘轴线与凸轮轴线垂直交错。当凸轮匀速转动时，装盘作单向间歇运动，装盘的运动取决于凸轮轮廓线的形状，凸轮的轮廓线由分度段和停歇段构成。当凸轮停歇段轮廓线与滚子接触时，转盘静止不动，当凸轮分度段轮廓线与滚子接触时，凸轮推动滚子时转盘发生转动。

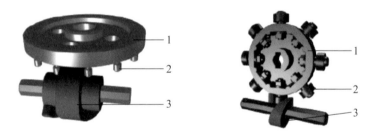

图3-5　凸轮分度间歇机构示意图

3.6　弹子锁机构设计

如图3-6所示为弹子锁与钥匙组成的凸轮机构，钥匙是凸轮，钥匙插入弹子锁的锁芯中，凸轮轮廓线将不同长度的弹子推到同样的高度，当弹槽1至 n 中的弹子 A 与 B 之间的空隙，正好与锁筒和锁栓之间的空隙平齐时，锁栓可以转动，该锁具就是打开状态。

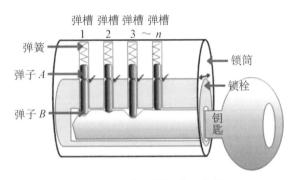

图 3-6 弹子锁机构示意图

3.7 内燃机配气机构设计

图 3-7 所示是内燃机配气机构，该机构由凸轮、机架、气门杆三个构件组成。当凸轮等速回转时，凸轮轮廓使气门杆按一定要求上下往复运动，以控制气门的开关。

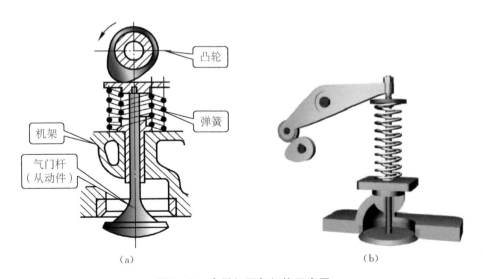

图 3-7 内燃机配气机构示意图

3.8　凸轮绕线机构设计

图3-8所示为一种利用凸轮设计的绕线机构,排线杆靠在心形凸轮外轮廓上,当绕线轴快速转动时,经齿轮带动凸轮缓慢地转动,通过凸轮轮廓与尖顶之间的作用驱使排线杆往复摇动,从而使线均匀地绕在绕线轴上。

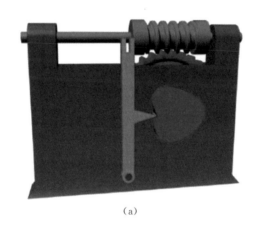

(a)

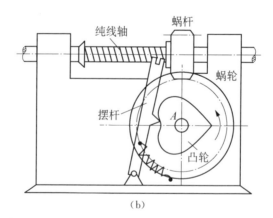

(b)

图3-8　凸轮绕线机构示意图

3.9　自动机床进刀凸轮机构设计

如图 3-9 所示,当圆柱凸轮 1 绕其轴线转动时,通过其沟槽与摆杆一端的滚子接触,并推动摆杆绕固定轴按特定的规律作往复摆动,同时通过摆杆另一端的扇形齿轮 2 驱动刀架 3 实现进刀或退刀运动。

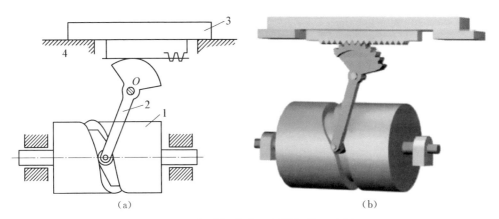

（a）　　　　　　　　　　　　　　　　（b）

图 3-9　自动机床进刀凸轮机构示意图

3.10　录音机卷带机构设计

图 3-10 所示为录音机卷带机构。凸轮 1 随放音键上下移动,放音时,凸轮 1 处于图示最低位置,在弹簧的作用下,安装于带轮轴上的摩擦轮 4 紧靠卷带轮 5,从而将磁带卷紧。停止放音时,凸轮 1 随按键上移,其轮廓压迫从动件 2 顺时针摆动,使摩擦轮与卷带轮分离,从而停止卷带。

机械本体结构设计及应用

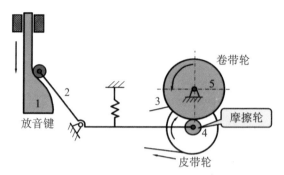

图 3-10　录音机卷带机构示意图

3.11　自动电阻压帽机构设计

如图 3-11 所示,送料机构将电阻坯料从料斗中取出输送到压帽工位,夹紧机构将电阻坯料夹紧定位,随后压帽机构将电阻帽先快速地输送到加工工位上,然后慢慢地压到电阻坯料上,操作完成后,夹紧机构退回初始位置。

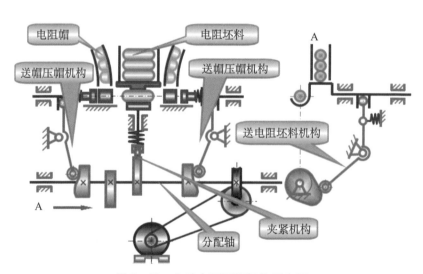

图 3-11　自动电阻压帽机构示意图

3.12　偏心轮工形脚双足机器人机构设计

图3-12所示为偏心轮工形脚双足机器人机构,机器人行走时可以克服重心不稳的难题。该机构采用了两个电机,所以能够控制其转弯。腿部传动利用了偏心轮组。相比曲柄摇杆机构,设计更加方便。

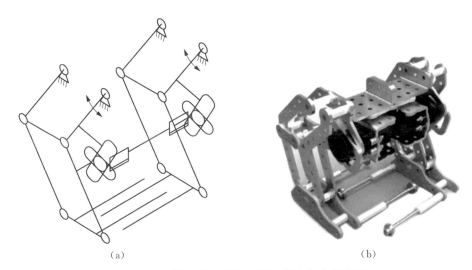

（a）　　　　　　　　　　　　　（b）

图3-12　偏心轮工形脚双足机器人机构示意图

3.13　耐火砖压制成型机构设计

如图3-13所示的耐火砖压制成型机构,由凸轮机构、连杆机构组合而成,在曲柄1转动的过程中,通过连杆2带动连杆3和连杆4产生转动,从而分别使上冲头5和下冲头6锤击模具内的耐火砖,完成耐火砖的压制工作。

机械本体结构设计及应用

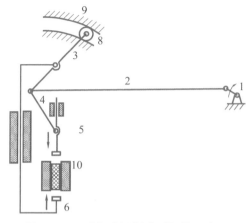

图 3 - 13　耐火砖压制成型机构示意图

3.14　凸轮止动机构设计

图 3 - 14 所示为凸轮止动机构,凸轮与杆件上固定的圆柱销光滑表面接触,当凸轮通过圆柱销把杆件顶起来时,落在齿轮槽里的插销脱离齿轮槽,此时此轮可以自由转动,当凸轮转过一定角度、杆件落下使插销插入齿轮槽时,此轮受限制不能转动,实现止动功能。

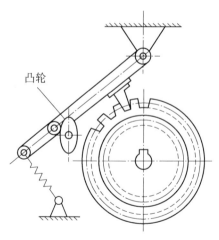

图 3 - 14　凸轮止动机构示意图

第四章

【机械本体结构设计及应用】

齿轮机构设计与案例

4.1　三星齿轮换向机构设计

　　图 4-1 所示为一种三星齿轮换向机构,其中齿轮 1 为主动齿轮,齿轮 4 为从动齿轮,齿轮 2 和齿轮 3 为惰轮。当手柄处于图 4-1(a)所示位置时,齿轮传动线路为 1-3-4;当手柄处于图 4-1(b)位置时,齿轮传动线路变为 1-2-3-4。因此,只需要改变手柄的位置,就能够控制齿轮 4 的转向。

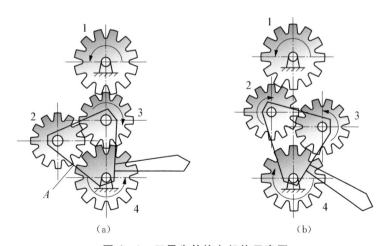

(a)　　　　　　　　　　(b)

图 4-1　三星齿轮换向机构示意图

4.2 离合器锥形齿轮换向机构设计

如图 4-2 所示,两个锥形齿轮 2 和 4 安装在水平轴上,另一个锥形齿轮 1 安装在垂直轴上。当齿轮 1 转动时,可以带动水平轴上的齿轮 2 和 4,这两个齿轮以相反的方向空转。若离合器向左移动,与左边锥形齿轮 4 啮合,那么转动将由左边的锥形齿轮 4 传递给水平轴;若离合器向右移动,那么转动将由右边的锥形齿轮 2 传递给水平轴。

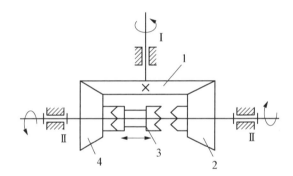

图 4-2 离合器锥形齿轮换向机构示意图

4.3 齿轮齿条直线差动机构设计

图 4-3 所示为一个由齿轮齿条构成的直线差动机构,其中齿条 1 为固定齿条,齿条 2 为从动齿条,所用齿轮为一个双联齿轮,大分度圆直径为 $D1$,小分度圆直径为 $D2$,当双联齿轮受外力驱动沿着固定齿条滚动时,将会驱动从动齿条 2 在水平方向移动。

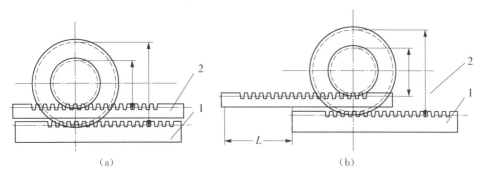

（a）　　　　　　　　　　　　　　　（b）

图4-3　齿轮齿条直线差动机构示意图

4.4　双轴垂直钻孔机构设计

如图4-4所示，扳动手柄带动齿轮转动，齿轮再带动钻头夹上的齿条移动，使钻头产生进给。通过扇形齿轮的啮合作用，使得两套钻头机构同时工作，可同时钻出相互垂直的两个孔，从而实现双垂直钻孔操作。

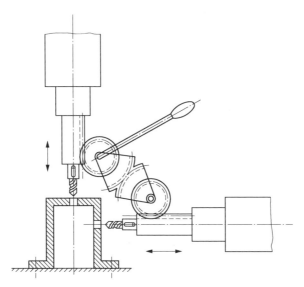

图4-4　双轴垂直钻孔机构示意图

4.5　百分表传动机构设计

如图 4-5 所示,百分表在测量过程中,被测零件尺寸的变换会通过测头 1 将位移量传递给测量杆 2,并带动测量杆 2 上下移动,测量杆的移动会驱使与之啮合的小齿轮 3 产生转动,与小齿轮同轴的大齿轮 4 会带动齿轮 5 转动,从而带动与齿轮 5 固定在一起的指针摆动,这样就能在表盘上指示出相应的位移量。

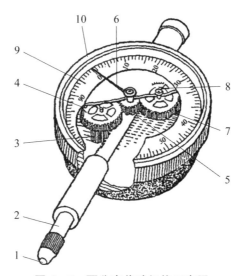

图 4-5　百分表传动机构示意图

4.6　汽车转向差动机构设计

如图 4-6 所示,该机构中的齿轮 1 和齿轮 2 为定轴齿轮轮系,齿轮 3、4、5、6 构成行星差动齿轮轮系。发动机带动齿轮 1 转动,齿轮 1 与齿轮 2 啮合使行星架 H 产生转动。当汽车直线行进时,齿轮 3 和齿轮 4 转速相同,差动机构不起作用。当汽车转向时,齿轮 3 与齿轮 4 之间转速差使得齿轮 5 和齿轮 6 不仅随着行星架 H 转动,同时还要绕自身轴线转动,能够合理地将转速分配给左右轮,帮助汽车完成转向动作。

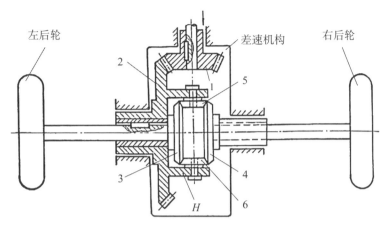

图 4－6 汽车转向差动机构示意图

4.7 行星齿轮减速机构设计

如图 4－7 所示,行星齿轮减速机构主要由内齿圈 A、太阳轮 B 以及行星轮 C 组成,使用时将内齿圈 A 紧密结合与齿轮箱壳体上,驱动源以直接联接的方式驱动太阳轮 B,太阳轮将组合于行星架上的行星齿轮 C 带动运转,行星架连接输出轴达到减速的目的。

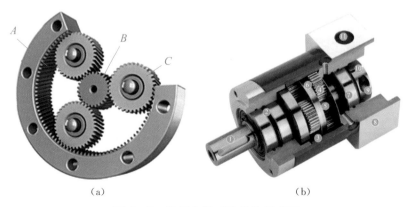

（a） （b）

图 4－7 行星齿轮减速机构示意图

4.8 圆柱齿轮减速机构设计

图4-8所示为圆柱齿轮减速机构,在该机构中将小齿轮装配在高速轴上,将大齿轮装配在低速轴上,轴上零件利用轴肩、轴套和轴承盖作轴向固定。由于齿轮啮合时有轴向分力,故两轴均采用一对圆锥滚子轴承作为支撑,承受径向载荷和轴向载荷的共同作用。

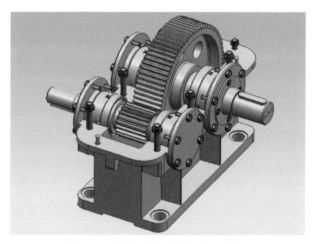

图4-8 圆柱齿轮减速机构示意图

4.9 蜗轮蜗杆减速机构设计

如图4-9所示,蜗轮蜗杆减速机基本结构主要由传动零件蜗轮蜗杆、轴、轴承、箱体及其附件所构成。箱体是蜗轮蜗杆减速机中所有配件的基座,是支承固定轴系部件、保证传动配件正确相对位置并支撑作用在减速机上荷载的重要配件。蜗轮蜗杆主要作用传递两交错轴之间的运动和动力,轴承与轴的主要作用是传递动力、运转并提高效率。

图 4-9 蜗轮蜗杆减速机构示意图

4.10 寻迹机器人底盘机构设计

图 4-10 所示为一种寻迹机器人底盘机构,该机构将一个从动齿轮安装在后轮轮轴上,通过一个电机驱动主动齿轮,主动齿轮与从动齿轮啮合,从而带动轮轴转动,驱使底盘产生运动,并在前轮上面加装了一个摆动装置,用于控制前进方向,这样就不需要考虑后轮的差动,底盘机构参考样机如图 4-10(b)所示。

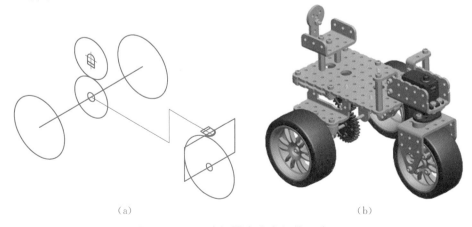

（a） （b）

图 4-10 寻迹机器人底盘机构示意图

第五章

【机械本体结构设计及应用】

间歇运动机构设计与案例

5.1 冲床工作台自动转位机构设计

图 5-1 所示为冲床工作台自动转位棘轮机构，冲头 D 上升时通过棘爪带动棘轮和工作台沿着顺时针方向转位，当冲头向下冲击工件时，摇杆 AB 沿逆时针方向摆动，此时工作台保持静止不动。

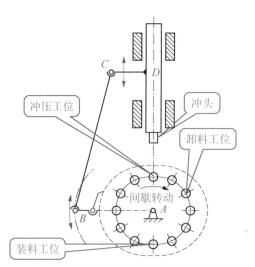

图 5-1 冲床工作台自动转位机构示意图

5.2　电影放映机送片机构设计

图 5-2 所示为电影放映机送片机构,该机构主要由主动轮 S_1、圆销 A、具有径向槽的槽轮 S_2 以及机架组成。以主动轮 S_1 为主动件连续回转,从动件槽轮 S_2 在圆销 A 的带动下,可作时而转动、时而停止的间歇运动,从而实现放映功能。当圆销 A 还未进入槽轮 S_2 的径向槽内时,槽轮处于静止状态,当圆销 A 进入槽轮 S_2 的径向槽内时,圆销 A 可以带动槽轮 S_2 转动。

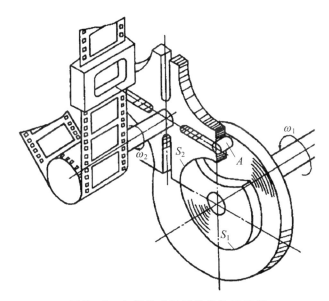

图 5-2　电影放映机送片机构示意图

5.3　齿轮齿条往复移动间歇机构设计

图 5-3 所示为一个往复移动间歇机构,当不完全齿轮 1 顺时针转动时,将与不完全齿轮 3 产生啮合,同时齿轮 3 又与齿条 2 啮合,将带动齿条 2 向左移动,当齿轮 1 转过一定角度、轮齿 a 部分与齿轮 3 脱离时,齿条停歇。等

到齿轮 1 的轮齿 b 部分与齿条 2 啮合时,又可带动齿条向右移动,这样即可实现齿条 2 左右往复间歇移动。

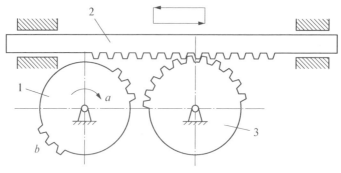

图 5-3 齿轮齿条往复移动间歇机构示意图

5.4 机床自动换刀机构设计

图 5-4 所示机床自动换刀机构,刀架上可安装六把刀具,并与槽轮上相应的径向轮槽一一对应,拨盘上固定一个圆销 A。拨盘每转动一周,圆销 A 即可进入轮槽一次,能够带动刀架转过 60°,从而将下一道工序所需的刀具转换到相应的工作位置。

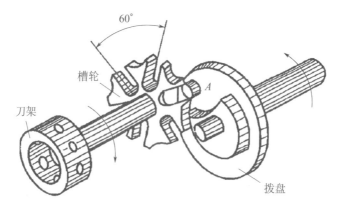

图 5-4 机床自动换刀机构示意图

5.5　棘轮间歇运动机构设计

如图5-5所示，主动摆杆套在与棘轮固定联接的转轴O_1上，且能够绕O_1往复摆动，棘爪与主动摆杆用转动副O_2联接，弹簧的作用是保持棘爪和棘轮接触。当主动摆杆逆时针摆动时，驱动棘爪插入棘轮槽中，推动棘轮转过一定的角度，此时止回棘爪在棘轮槽中滑过，当主动摆杆顺时针方向回转时，止回棘爪阻止齿轮沿顺时针方向回转。因此，当主动摆杆连续往复摆动时，棘轮便可得到单向的间歇运动。

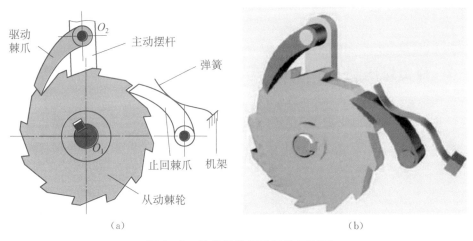

驱动棘爪　　　　O_2　　主动摆杆　　弹簧　　止回棘爪　　机架　　从动棘轮　　O_1

（a）　　　　　　　　　　　　　　　（b）

图5-5　棘轮间歇运动机构示意图

5.6　可变向棘轮间歇运动机构设计

图5-6所示为一可变向棘轮间歇运动机构，棘爪可绕O_2转动，爪端的形状为一对称的矩形齿，棘轮所采用的齿是梯形齿，当棘爪在图示所在位置时，棘爪可推动棘轮作逆时针方向的间歇运动，若将棘爪翻转到对称位置时，棘轮可作顺时针方向的间歇运动。

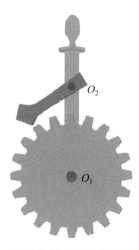

图 5-6　可变向棘轮间歇运动机构示意图

5.7　蜂窝煤压制工作台间歇运动机构设计

图 5-7 所示为蜂窝煤压制工作台间歇运动机构,在完成蜂窝煤压制的过程中,需要经历装填、压制、退煤等动作,共需 5 个工位来完成蜂窝煤的制

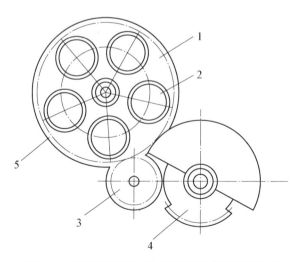

图 5-7　蜂窝煤压制工作台间歇运动机构示意图

作,工作台每转动五分之一周后需要停歇一段时间以完成一个工位的工作,因此该间歇运动机构在工作台 1 上安装有一个齿圈 5,以不完全齿轮 4 作为主动轮,与齿轮 3 构成间歇机构,可使工作台完成所需的间歇运动。

5.8 擒纵轮间歇运动机构设计

图 5-8 所示为擒纵轮间歇运动机构,该机构常被用于钟表上,受发条力矩的驱动,游丝摆轮系统往复摆动,带动擒纵叉往复摆动,卡住或释放擒纵轮,使它沿着顺时针方向间歇转动。

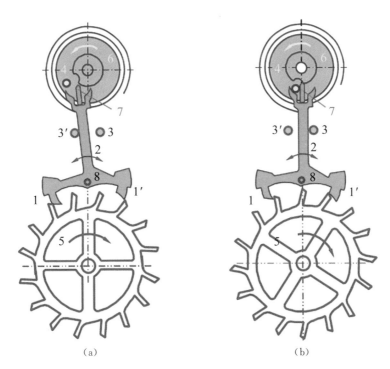

(a)   (b)

图 5-8 擒纵轮间歇运动机构示意图

5.9　牛头刨工作台横向进给机构设计

图5-9所示为牛头刨工作台横向进给机构,该机构包含了齿轮机构、曲柄摇杆机构和棘轮机构,每刨削一次,棘轮3会带动丝杆6转动一次,带动工作台作横向间歇进给运动,完成一次完整的刨削后,可将棘爪7提起绕自身轴线回转180°(采用回转变向棘轮机构),工作台即可反向进给,能够开展下一工步的刨削,不必将工件空返原位,节省了操作时间。

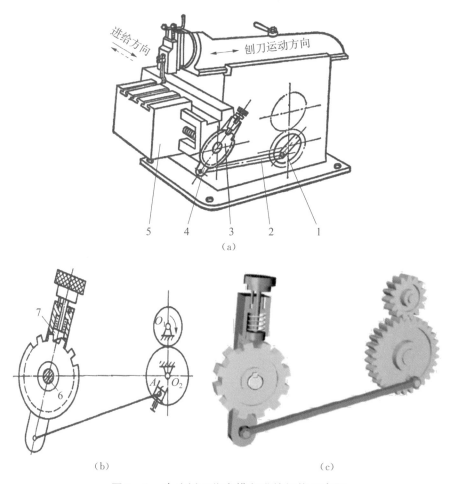

图5-9　牛头刨工作台横向进给机构示意图

5.10 自行车超越离合机构设计

图 5−10 所示是自行车超越离合机构,轮圈 1 的外圈是链轮,内圈是棘轮,棘爪 4 固定在车轴 3 上,向前蹬自行车的时候,链条带动轮圈 1 逆时针转动,棘轮通过棘爪 4 带动车轴 3 逆时针转动,驱动自行车向前。向后蹬自行车时,轮圈 1 不转,棘爪 4 滑过棘轮齿背,车轴 3 在惯性作用下继续转动,外力只能单向传递向前的转矩,不能向后传递转矩,从而实现自行车单向超越离合功能。

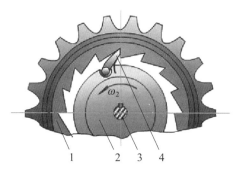

图 5−10 自行车超越离合机构示意图

5.11 双齿条往复间歇运动机构设计

图 5−11 所示为双齿条往复间歇运动机构,当不完全齿轮 1 沿着顺时针方向转动时,齿轮 1 与齿条 2 的齿 A 啮合,从而驱动齿条 2 向右移动,当齿轮 1 上的轮齿与齿条不啮合时,齿条 2 处于停歇状态。当齿轮 1 转过一定角度与齿条 2 上的齿 B 啮合时,又可驱动齿条 2 向左移动。这样齿轮 2 在转动过程中交替地与齿条 2 的 A 齿和 B 齿啮合,从而实现齿条 2 沿水平方向的往复间歇运动。

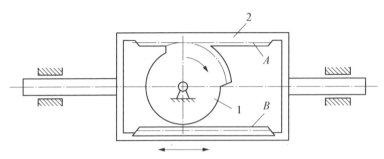

图 5-11　双齿条往复间歇运动机构示意图

5.12　凸轮式间歇运动机构设计

图 5-12 所示为凸轮式间歇运动机构,主动凸轮 1 是一个圆柱凸轮,凸轮的轮廓曲面分布在圆柱面的曲线凸缘上,从动转盘 2 的圆柱面上均匀分布若干个圆柱销,当凸轮连续转动时,凸轮轮廓曲面与圆柱销接触,通过转盘上的圆柱销推动从动转盘 2 作间歇转动。

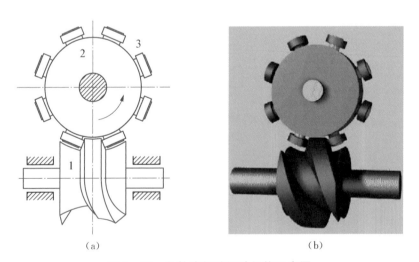

　　　　（a）　　　　　　　　　　　　　　　　（b）

图 5-12　凸轮式间歇运动机构示意图

第六章

【机械本体结构设计及应用】

夹紧机构设计与案例

6.1 楔式夹紧机构设计

图 6-1 所示为一种楔式夹紧机构,当工件 5 在夹具上定位后,利用气缸(液压缸)通过拉杆 4 使夹爪 1 向左移动,由于在斜面 2 的作用下,使得夹爪 1 在向左移动的过程中向外张开,从而将工件 5 夹紧;反之,夹爪 1 向右移动时,在弹簧卡圈 3 的作用下使夹爪 1 收拢,将工件松开。

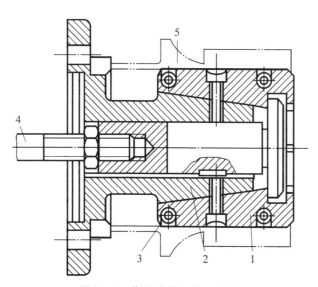

图 6-1 楔式夹紧机构示意图

6.2　双向联动夹紧机构设计

图 6-2 所示为双向联动夹紧机构,当工件 1 在工作台上定位后,利用气缸(液压缸)通过拉杆 3 使夹爪 2 夹紧或松开。当缸(液压缸)使拉杆 3 向下移动时,通过连杆使夹爪 2 夹紧工件;当缸(液压缸)使拉杆 3 向上移动时,通过连杆使夹爪 2 松开工件。

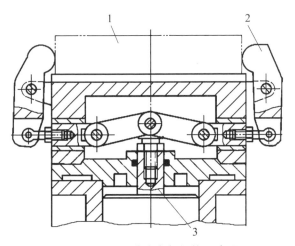

图 6-2　双向联动夹紧机构示意图

6.3　铰链压板式夹紧机构设计

图 6-3 所示为铰链压板式夹紧机构,该机构由活动铰链联接而成的压板所组成,点划线部分所示为被夹持工件,当工件被放置在预定位置时,翻转压板,使夹头 1 和夹头 3 与工件接触,夹头 1 和夹头 2 通过活动铰链与直角型板 3 联接,可根据工件表面形状自适应的旋转使夹头触点与工件表面充分接触,最后利用螺母 4 将工件锁紧在夹持机构上。

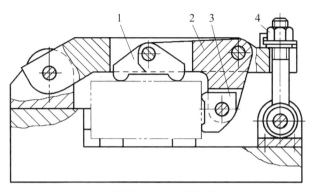

图 6-3　铰链压板式夹紧机构示意图

6.4　平行联动夹紧机构设计

图 6-4 所示为平行联动夹紧机构,该机构适合于加持圆柱型工件,并且能够同时加持多个圆柱型工件,底座 1 上固定有若干个 V 形块,同时底座 1 上固定有立柱 2,并将压板 3 与立柱 2 通过活动铰链联接,压板 3 通过铰链联接夹头,工作时将工件放置在 V 形块上,翻转压板 3,将夹头压在工件上表面,启动气缸(液压缸)使压板 4 逆时针转动,将压紧力作用在压板 3 上,实现工件的充分夹紧。

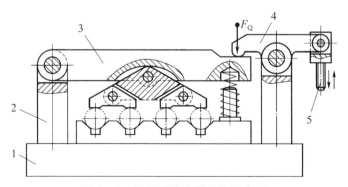

图 6-4　平行联动夹紧机构示意图

6.5 平行浮动夹紧机构设计

图 6-5 所示为平行浮动夹紧机构,该机构能够同时加持多个圆柱型工件,底座上加工有若干个 V 型槽,底座与压板 2 通过位于中心位置的立柱联接,立柱上端有螺纹,压板 2 与立柱通过螺纹联接,将工件放置在夹紧工位上时,转动手柄 5,使压板 2 沿着立柱向下移动,直到夹板 3 压紧工件,从而完成夹紧工作。

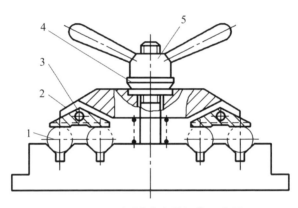

图 6-5 平行浮动夹紧机构示意图

6.6 滚轮连杆式夹紧机构设计

图 6-6 所示为滚轮连杆式夹紧机构,该机构由多连杆构成,以气缸(液压缸)作为原动件,将工件放置在力 F 的作用点处,利用气缸 1 将杆件 2 往右推动,滚轮 3 沿光滑表面向右滚动,使杆件 4 产生逆时针旋转,杆件 5 在杆件 4 的推动下发生逆时针转动,在杠杆效应下夹紧工件。

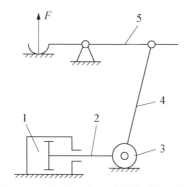

图 6-6　滚轮连杆式夹紧机构示意图

6.7　多连杆夹紧机构设计

图 6-7 所示为多连杆夹紧机构,该机构由多连杆构成,以气缸(液压缸)作为原动件,连杆 2 与连杆 3、4 通过活动铰链联接,连杆 3 通过固定铰链支座固定在机架上,工作时将工件放置在力 F 的作用点处,利用气缸 1 将杆件 2 往右推动,使杆件 4 产生逆时针旋转,杆件 5 在杆件 4 的推动下发生逆时针转动,在杠杆效应下夹紧工件。

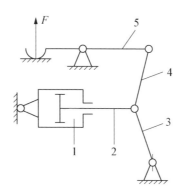

图 6-7　多连杆夹紧机构示意图

6.8　对称式双夹头多连杆夹紧机构设计

　　图 6-8 所示为对称式双夹头多连杆夹紧机构,该机构由多连杆构成,机构对称分布,以气缸(液压缸)作为原动件,工作时将工件放置在两个夹头中间,利用气缸 1 将杆件 2 往右推动,分别带动杆件 3、4 产生顺时针和逆时针旋转,杆件 5 通过固定铰链联接在机架上,在杆件 3 的作用下产生逆时针转动,杆件 6 通过固定铰链联接在机架上,在杆件 4 的作用下产生顺时针转动,从而实现工件的夹紧。

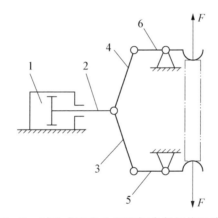

图 6-8　对称式双夹头多连杆夹紧机构示意图

6.9　液压钳式夹紧机构设计

　　如图 6-9 所示,该液压钳口机构主要由抬升油缸、夹紧油缸和夹紧钳口构成。当材料送达预定位置时,锯切钳口夹紧待锯切材料,利用 PLC 控制夹紧油缸松开送料钳口,使钳口的两侧与材料分离,同时 PLC 驱动抬升油缸,推动与之相联接的连杆机构,带动钳口机构顺时针转动,促使钳口底面与材料分离。

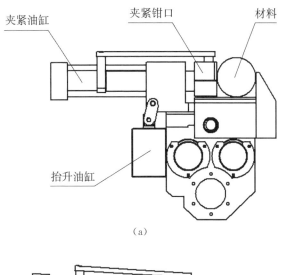

夹紧油缸 夹紧钳口 材料

抬升油缸

（a）

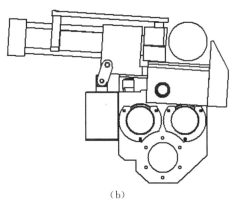

（b）

图 6-9　液压钳式夹紧机构示意图

6.10　螺纹虎口式夹紧机构设计

图 6-10 所示为螺纹虎口式夹紧机构，该机构主要通过螺纹传动进行夹紧操作，螺纹杆 1 上包含了两段螺纹，左边段为左旋螺纹，右边段为右旋螺纹，转动螺纹杆 1 可以驱动左右两个钳口同时背离工件 2 移动（松开工件），或者同时向着工件 2 移动（夹紧工件）。

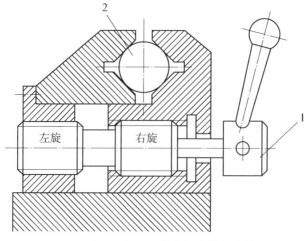

图 6-10 螺纹虎口式夹紧机构示意图

6.11 偏心轮压板式夹紧机构设计

图 6-11 所示为偏心轮压板式夹紧机构,该机构将一个偏心轮 1 通过固定铰链联接在支架上,还有一块压板 2 通过固定铰链联接在底座上,利用一根弹簧约束压板 2 的位移,偏心轮 1 与压板之间是光滑表面接触,将工件 3 放置在工作台上后,转动手柄使偏心轮 1 产生转动,压迫压板 2 的触头紧贴工件侧面,实现夹紧功能。

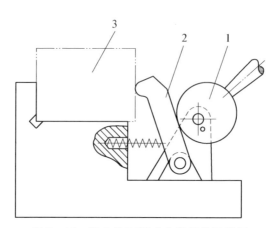

图 6-11 偏心轮压板式夹紧机构示意图

6.12 偏心轮滑板式夹紧机构设计

图 6-12 所示为偏心轮滑板式夹紧机构,该机构将一个偏心轮 1 通过螺栓联接在底座上,此外还有一个 V 形块 2 安装在底座的滑轨上,可以左右运动,为约束 V 形块 2 的位移,在其上面联接一根弹簧,在与底座垂直的方向上还固定一根立柱 3,工作时,将工件 4 套在立柱 3 上,然后扳动手柄,使偏心轮 1 产生转动,偏心轮 1 压迫 V 形块 2 向工件方向移动,从而完成工件的夹紧。

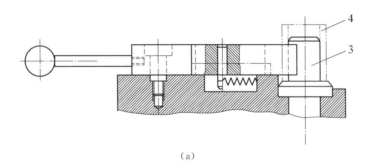

(a)

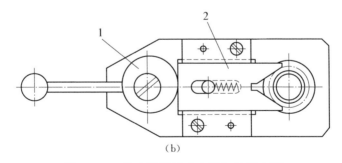

(b)

图 6-12 偏心轮滑板式夹紧机构示意图

第七章

【机械本体结构设计及应用】

自动送料机构设计与案例

7.1 圆柱形工件送料机构设计

如图 7 - 1 所示,送料机构主要包括抬升油缸、连杆机构、调节滑块和料架,抬升油缸通过 PLC 进行控制,抬升油缸与连杆机构联接,整个送料过程可以通过对抬升油缸的自动控制来实现,抬升油缸推动连杆机构,连杆机构再带动顶料板向上运动,根据预设好的材料直径,顶料板托起单根待锯材料越过右侧挡块,沿着顶料板的斜面平稳滚动进入送料钳口。

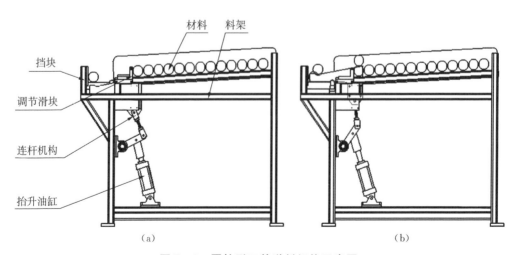

(a)   (b)

图 7 - 1 圆柱形工件送料机构示意图

7.2 锥形管状工件定向排列送料机构设计

图 7-2 所示为锥形管状工件定向排列送料机构,将一组工件送入进料漏斗 1,在重力作用下工件落入腔体 2 内,利用电机驱动取料滚轮 3 逆时针转动,滚轮上等间隔地分布有若干个锥形钩,锥形钩在随着取料滚轮 3 逆时针转动的过程中,可以钩住腔体 2 内工件的粗段,带动工件转过一定角度,在到达出料通道 4 所在位置时,工件在自身重力的作用下沿着出料通道 4 送出,实现工件的定向送料。

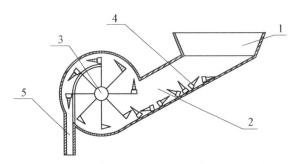

图 7-2 锥形管状工件定向排列送料机构示意图

7.3 圆筒形工件定向排列送料机构设计

图 7-3 所示为圆筒形工件定向排列送料机构,该机构适用于中心存在盲孔的工件,工件沿着导槽 1 被传送,到达导槽端部时,气缸 3 推动推杆 2 顶向工件,若无孔一端对着推杆 2,则工件被直接推入出料导槽 5,若有空一端对着推杆 2,则工件被推向挂钩 4,并在挂钩 4 的作用下以开口向下的方式落入出料导槽 5。

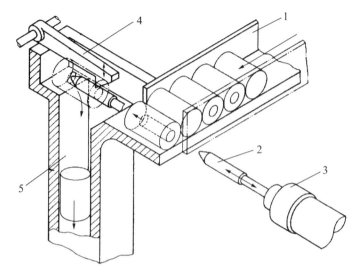

图 7‐3   圆筒形工件定向排列送料机构示意图

7.4   阶梯形工件定向排列送料机构设计

图 7‐4 所示为阶梯形工件定向排列送料机构,该机构适用于阶梯轴类

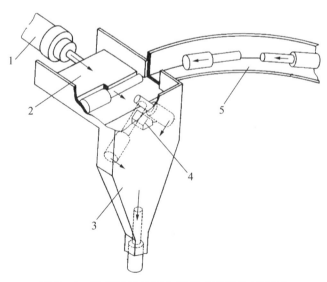

图 7‐4   阶梯形工件定向排列送料机构示意图

的工件,工件沿着通道 5 无序地被输送到气缸 1 所在位置,推板 2 在气缸 1 的作用下推动工件向着出料通道 3 移动,在落入出料通道 3 的过程中,会触碰到挡块 4,在挡块 4 的作用下,会使得工件大头朝下从出料通道 3 有序地出料,到达定向排列送料的效果。

7.5　圆柱形工件定向排列送料机构设计

图 7-5 所示为圆柱形工件定向排列送料机构,机构工作时圆柱形工件从进料导槽 1 纵向排列送入机构中,皮带驱动皮带轮 3 逆时针转动,皮带轮 3 与槽轮 2 同轴联接,皮带轮 3 在转动的同时带动槽轮 2 同步转动,槽轮 2 上分布若干个槽,可以包含工件转动到出料槽 4 所在位置后横向排列输出。

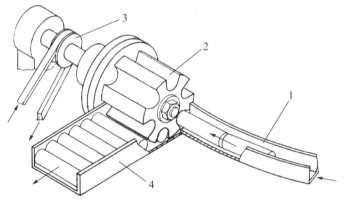

图 7-5　圆柱形工件定向排列送料机构示意图

7.6　皮带升降式送料机构设计

图 7-6 所示为皮带升降式送料机构,工作时先将工件放入料斗 1 中,皮带 2 上安装有若干倾斜的搁物条 3,搁物条 3 随着皮带 2 作上升下降运动,在搁物条 3 上升过程中会带动料斗 1 中的工件上升,为防止工件在上升过程中

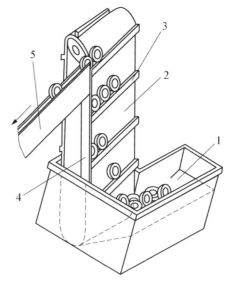

图 7-6　皮带升降式送料机构示意图

沿斜坡滑落,在皮带侧面上安装挡板 4,当工件随搁物条 3 上升到一定高度时将沿着滑槽 5 输出,实现送料功能。

7.7　槽轮式间隔送料机构设计

图 7-7 所示为槽轮式间隔送料机构,设计该机构的目的是为了将工件

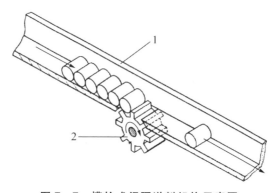

图 7-7　槽轮式间隔送料机构示意图

逐件地送往加工工位上,工件在导槽 1 内传输,在导槽中间位置安装有槽轮 2,在转动过程中槽轮 2 的凹槽可以带动一个工件翻越到导槽另一端,从而实现工件的间隔送料。

7.8　凸轮式间隔送料机构设计

图 7 - 8 所示为凸轮式间隔送料机构,其功能也是为了将工件逐件地送往加工工位上,工件沿着滑槽 1 向着凸轮方向移动,凸轮 2 在气缸 3 的拉动下逆时针转动,当一个工件移动到凸轮 2 上方时,气缸 3 推动凸轮顺时针转动,从而将紧密排列在一起的工件等间隔分离开来,输送到加工工位上。

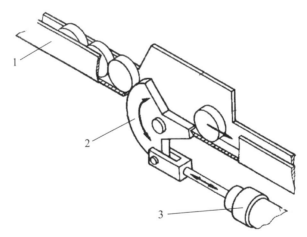

图 7 - 8　凸轮式间隔送料机构示意图

7.9　弹簧凸轮式间隔送料机构设计

图 7 - 9 所示为弹簧凸轮式间隔送料机构,机构工作时先将工件放入料斗 4 中,转动凸轮 1,当凸轮 1 的小直径轮廓部分与滚轮 2 接触时,推杆 3 在

弹簧的作用下往右移动,工件失去支撑落入送料通道,继续转动凸轮 1,当凸轮 1 的大直径轮廓部分与滚轮 2 接触时,推杆 3 克服弹簧力向左移动,推动工件向滑轨 5 处移动,最终沿着滑轨斜面进入预定工位。

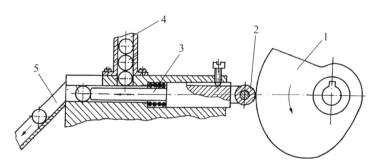

图 7‐9 弹簧凸轮式间隔送料机构示意图

7.10 弹簧气缸式间隔送料机构设计

图 7‐10 所示为弹簧气缸式间隔送料机构,机构工作时先将工件放入料斗 2 中,启动气缸 1,通过连杆带动挡块 3 向右移动,工件失去支撑落入送料通道,随后控制气缸变换传动方向,推动挡块 3 向左移动,将工件推送到夹爪 4 处,在弹簧力作用下夹紧工件,气缸 1 继续进给,最终将工件送达预定工位。

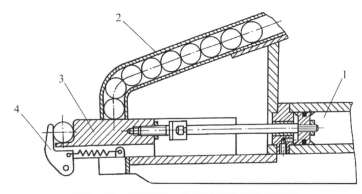

图 7‐10 弹簧气缸式间隔送料机构示意图

7.11 板材自动送料机构设计

图7-11所示为板材自动送料机构,该机构适用于板材的自动送料,工作时吸盘2吸住工件1,利用升降气缸3将工件1抬起,升降气缸3固定联接在安装板4上,安装板4通过滚轮5放置在滚轮槽6上,可利用推动气缸7,将工件沿着滚轮槽6输送到预定位置。

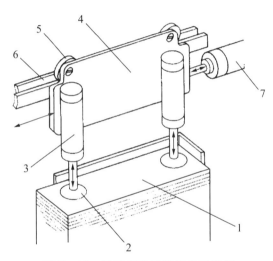

图7-11 板材自动送料机构示意图

7.12 槽形工件自动送料机构设计

图7-12所示为槽形工件自动送料机构,该机构适用于槽形工件的自动输送,先将工件置于料斗1中,启动电机通过皮带4带动皮带轮3转动,取料轮2与皮带轮3安装在同一根轴上,在皮带轮3的带动下,取料轮2开始沿顺时针方向转动,在转动过程中料斗1中的部分工件将落在取料轮2的取料

刃上,当取料轮 2 转过一定角度、取料刃与滑轨 5 处于同一直线上时,工件将沿着滑轨 5 输出到预定的工位上。

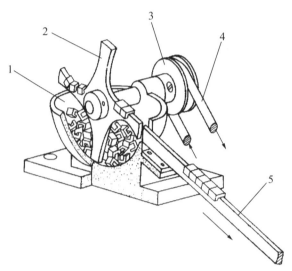

图 7 - 12　槽形工件自动送料机构示意图

7.13　圆盘状工件自动送料机构设计

图 7 - 13 所示为圆盘状工件自动送料机构,机构工作时先将工件置于料斗 3 中,当轴 4 转动时,与轴 4 相联接的销 2 会绕着轴 4 的轴线转动,销 2 在导轮 1 的滑槽中移动,带动导轮 1 沿着竖直方向上下移动,与此同时导轮 1 会驱动与之联接的取料板 6 上下移动,取料板 6 的上端开有斜槽,在下降再上升的过程中可以从料斗中 3 中获取工件置于斜槽中,当取料板 6 上升到斜槽与滑槽 5 处于同一直线上时,工件将沿着滑槽 5 输出到预定的工位上。

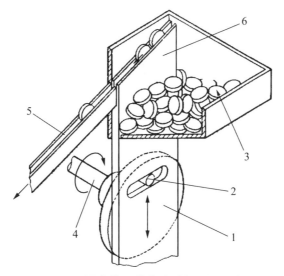

图 7-13　圆盘状工件自动送料机构示意图

7.14　圆盘状工件磁式升降自动送料机构设计

图 7-14 所示为圆盘状工件磁式升降自动送料机构,机构主要有皮带轮 3 和包含若干孔洞的皮带 2 组成,皮带 2 的孔洞内具有磁性,机构工作时皮带轮 3 带动皮带 2 运动,皮带 2 的孔洞会经过料斗 1,将料斗 1 的圆盘状工件通过磁性吸附在孔洞上,随着皮带 2 上升到滑槽 4 所在位置,滑槽 4 阻碍工件继续随皮带 2 一起运动,工件顺着滑槽 4 输出到预定的工位上。

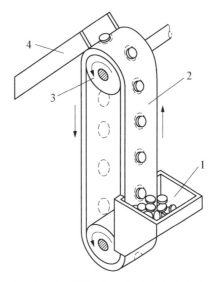

图 7-14　圆盘状工件磁式升降自动
送料机构示意图

第八章

机械夹爪机构设计与案例

8.1 弹簧连杆式机械夹爪机构设计

图 8-1 所示为弹簧连杆式机械夹爪机构,该机构通过气缸 4 控制夹爪 1 的开合,当气缸推动夹爪 1 上的连杆时,连杆绕着固定铰链产生转动,使夹爪 1 克服弹簧 2 的弹簧力张开,当气缸 4 退回离开夹爪 1 上的连杆时,在弹簧 2 的弹簧力作用下夹爪 1 闭合。

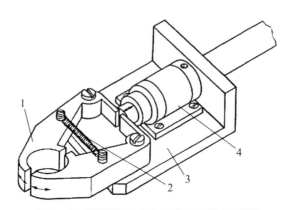

图 8-1 弹簧连杆式机械夹爪机构示意图

8.2　齿轮齿条式机械夹爪机构设计

图 8-2 所示为齿轮齿条式机械夹爪机构,该机构以气缸 5 作为原动件,通过齿轮 3 和齿条 2 作为执行机构。当气缸 5 推动齿条 2 往夹爪 4 所在方向移动时,齿条 2 与齿轮 3 啮合,带动齿轮 3 产生转动,使夹爪 4 产生张开动作;反之,当气缸 5 带动齿条 2 往离开夹爪 4 方向移动时,齿条 2 带动齿轮 3产生转动,使夹爪 4 产生闭合动作。

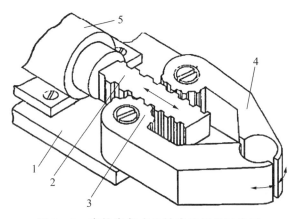

图 8-2　齿轮齿条式机械夹爪机构示意图

8.3　连杆电磁式机械夹爪机构设计

图 8-3 所示为连杆电磁式机械夹爪机构,该机构以电磁铁 2 作为驱动装置,当电磁铁 2 通电后,钢片 3 在电磁力的作用下向着电磁铁 2 移动,与钢片 3 联接在一起的销钉 4 也随之一起移动,销钉 4 在夹爪 5 的滑槽内移动,驱动夹爪 5 绕着固定铰链产生转动,从而夹紧工件 6;当电磁铁 2 断电后电磁力消失,此时在弹簧力的作用下,夹爪 5 绕着固定铰链产生转动而松开工件,钢片 3 在销钉 4 的带动下离开电磁铁 2。

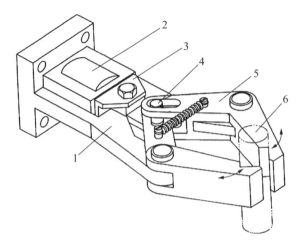

图 8-3　连杆电磁式机械夹爪机构示意图

8.4　齿条传动式机械夹爪机构设计

　　图 8-4 所示为齿条传动式机械夹爪机构,将工件置于左夹爪 1 和右夹爪 2 之间,利用外力使拉杆 3 往右移动,与拉杆 3 联接的左夹爪 1 也随之向右移动,拉杆 3 上的齿条驱动齿轮 4 顺时针转动,齿轮 4 再带动齿条 5 向左移动,右夹爪 2 与齿条 5 固定联接,从而实现对工件的夹持功能。

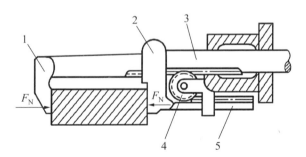

图 8-4　齿条传动式机械夹爪机构示意图

8.5　凸轮连杆式机械夹爪机构设计

图 8-5 所示为凸轮连杆式机械夹爪机构,该机构主要由连杆和凸轮构成。机械夹爪 1 的开合由凸轮 2 转动控制,当凸轮 2 产生转动时,通过与凸轮外轮廓接触的滚轮带动连杆 3 和连杆 4,从而使夹爪 1 实现开合动作,在夹爪 1 实现开合的同时,与凸轮联接的连杆 5 和连杆 6 可以通过滑块带动整个夹爪在水平方向移动,从而在夹紧工件的同时还能实现工件的送料。

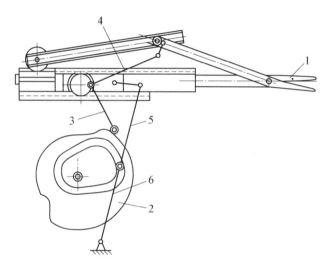

图 8-5　凸轮连杆式机械夹爪机构示意图

8.6　齿轮杠杆式机械夹爪机构设计

图 8-6 所示为齿轮杠杆式机械夹爪机构,该机构由杠杆和齿轮传动来实现功能。机构工作时将工件置于夹爪之间,拉杆 4 在外力作用下往右移动,使杠杆 3 产生顺时针转动,与杠杆 3 固定联接的齿轮 2 也随之产生顺时针转动,与齿轮 2 啮合的齿轮 5 则产生逆时针转动,从而实现工件的夹持功能。

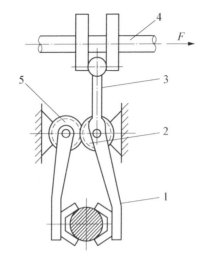

图 8-6　齿轮杠杆式机械夹爪机构示意图

8.7　四连杆式机械夹爪机构设计

图 8-7 所示为齿轮杠杆式机械夹爪机构,机构左右对称分布,机构工作时外力驱动拉杆 5 向下移动,与拉杆 5 固定联接的杆件 6 也随之向下移动,杆件 6 上开有滑槽,销钉 3 与滑槽光滑表面接触,杆件 4 在销钉 3 的带动下

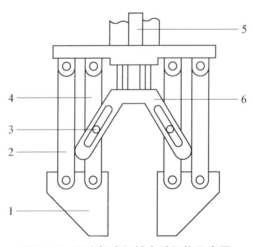

图 8-7　四连杆式机械夹爪机构示意图

产生逆时针转动,与杆件 4 平行排列的杆件 2 也产生逆时针转动,从而使左夹爪 1 向中间平行移动,实现工件夹持功能。

8.8　车载多连杆式夹爪机构设计

图 8-8 所示为车载多连杆式夹爪机构,杆件 1 与电机联接,杆件 3 与固定铰链支座联接,当杆件 1 在电机带动下产生顺时针旋转,杆件 2 与杆件 3 分别绕着公共铰链逆时针和顺时针旋转,从而驱动夹爪 4 和夹爪 5 实现夹紧功能。

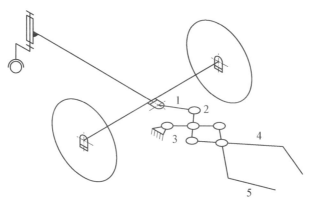

图 8-8　车载多连杆式夹爪机构示意图

车载多连杆式夹爪机构样机如图 8-9 所示。

图 8-9　车载多连杆式夹爪机构样机

8.9　双齿轮式夹爪机构设计

图 8-10 所示为双齿轮式夹爪机构,机构工作时利用电机驱动齿轮 1 顺时针转动,齿轮 1 与齿轮 2 啮合使齿轮 2 产生逆时针转动,从而使夹爪 3 和夹爪 4 向中间移动以实现夹紧功能。

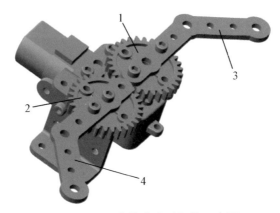

图 8-10　双齿轮式夹爪机构示意图

8.10　齿轮连杆式夹爪机构设计

图 8-11 所示为齿轮连杆式夹爪机构,机构工作时利用电机驱动杆件 1 逆时针转动,从而推动杆件 2 向上运动,夹爪 3 与杆件 2 通过活动铰链联接,杆件 2 推动杆件 3 逆时针转动,与杆件 3 固定联接的齿轮 4 也产生逆时针转动,齿轮 5 与齿轮 4 啮合产生顺时针转动,从而使夹爪 6 也绕着齿轮 5 的轴

线顺时针转动,从而实现夹爪 3 和夹爪 6 的夹持功能。

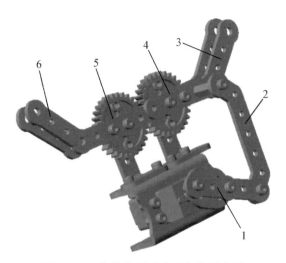

图 8－11 齿轮连杆式夹爪机构示意图

第九章

【机 械 本 体 结 构 设 计 及 应 用】

常用模块化构件简介

9.1 直线滚动导轨

　　直线滚动导轨副是一种新型的机械传动部件,如图 9-1 所示,导轨与滑块之间通过滚动体接触,以滚动摩擦替代了传统的滑动摩擦,因此直线滚动导轨的摩擦系数是传统滑动导轨的五十分之一。这不仅能够提高滑块的运动精度和运动速度,同时还能延长直线滚动导轨副的使用寿命。直线滚动导轨副作为精密定位、自动控制、驱动机构和运动转换的重要基础元件,具有摩擦系数小、运动平稳、运动精度高等优点,因此在现代工业各个领域中得到广泛的应用。

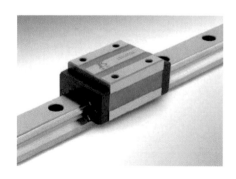
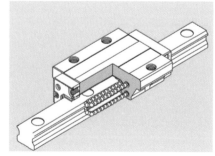

图 9-1　直线滚动导轨副示意图

9.1.1　直线滚动导轨的结构

图 9-2 所示为直线滚动导轨副结构示意图,其主要由滑轨和滑块两部分构成,具体为:1.上保持架;2.滑块;3.端盖;4.端面密封垫片;5.油嘴;6.地面密封垫片;7.下保持架;8.钢珠;9.滑轨。采用密封垫片是为了满足导轨的防尘性要求,采用滚珠保持架是为了提高滑动性能。此外,为了实现更高的导向精度,根据实际情况可采用两支导轨或多个滑块的结构。

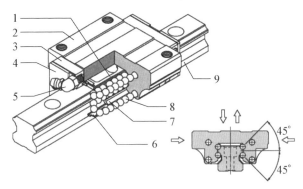

图 9-2　直线滚动导轨副结构示意图

9.1.2　直线滚动导轨的选型

直线导轨选型时所要考虑的主要因素有导轨的使用条件、导轨的承载能力以及导轨的预期寿命。其中使用条件主要包括所使用设备的类型、对导轨精度的要求、对导轨刚度的要求、载荷施加的方式、对行程的要求、对运行速度的要求、使用频率以及使用环境等因素。针对不同的使用需求,直线导轨生产厂家将其产品类型划分成若干系列。以中国台湾上银 HIWIN 公司为例,该公司将其生产的直线导轨主要划分为 AG 系列、HG 系列、LG 系列以及 MG 系列等,其具体的选型步骤如图 9-3 所示。

在选型过程中若计算结果与实际需求不符,可以随时返回前面步骤中重新进行选择和参数设定。计算滑块最大载荷时需要确定所选的直线导轨静态安全系数应大于推荐表中所列的值。如若所选的直线导轨刚度不符合使用要

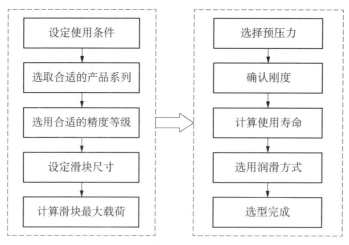

图 9‐3　直线导轨选型步骤

求,可以提高预压力、选取大尺寸或者增加滑块数量等措施来提高导轨刚度。

9.2　滚珠丝杠

　　滚珠丝杠(图 9‐4)能将回转运动转化为直线运动,或将直线运动转化为回转运动的最合理的产品,同时具有高精度和高效率的特点,因此是数控机床和精密机械上最常用的传动元件。滚珠丝杠由于是利用滚珠运动,所以启动力矩极小,不会出现滑动运动那样的爬行现象,能保证实现精确的微进给。

图 9‐4　滚珠丝杠示意图

由于运动效率高、发热小,所以可实现高速进给,可以通过采用加载预紧力消除间隙,从而获取极高的重复定位精度。

9.2.1 滚珠丝杠结构

滚珠丝杠主要由螺杆、螺母、钢珠组成,滚珠在循环过程中有时与螺杆脱离接触的称为外循环方式,滚珠始终与螺杆保持接触的称为内循环方式。

外循环:如图9-5所示,每一列钢珠转几圈后经插管回珠器返回。插管回珠器位于螺母之外,称为外循环。外循环结构简单,缺点是噪声大。

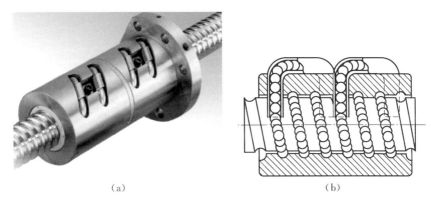

(a)　　　　　　　　　　　　　　　(b)

图9-5　滚珠外循环示意图

内循环:如图9-6所示,螺纹每一圈形成一个钢珠的循环回路,回珠器位于螺母之内,称为内循环。内循环稳定性好,缺点是结构复杂,制造难度高。

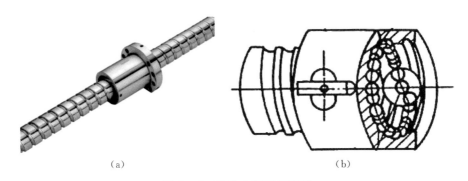

(a)　　　　　　　　　　　　　　　(b)

图9-6　滚珠内循环示意图

9.2.2　滚珠丝杠的选型

滚珠丝杠选型时所要考虑的主要因素有使用条件和精度等级。使用条件通常包括以下内容：载荷、工作行程、运行速度、精度、最小进给量、寿命以及使用环境。滚珠丝杠的精度依次分为 7 个等级，精度等级代号为 P_1、P_2、P_3、P_4、P_5、P_7、P_{10}，其中 1 级精度最高，10 级精度最低。

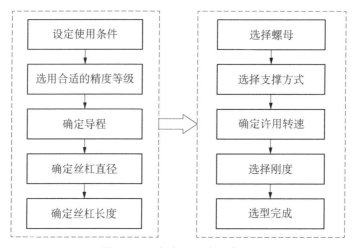

图 9-7　滚珠丝杠选型步骤

其具体的选型步骤如图 9-7 所示，在选型过程中若计算结果与实际需求不符，可以随时返回前面步骤中重新进行选择和参数设定。

9.3　气缸

气动技术是现代化机械传动与控制的关键技术之一，气缸作为一种典型的气动元件在现代机械中更是有着广泛的应用，如图 9-8 所示，气缸由缸体、活塞、密封圈、磁环组成。当从无杆腔输入压缩空气时，有杆腔排气，气缸两腔的压力差作用在活塞上所形成的力克服阻力负载推动活塞运动，使活塞杆伸出；当有杆腔进气，无杆腔排气时，使活塞杆缩回。有杆腔和无杆腔交替进气和排气，使活塞实现往复直线运动。

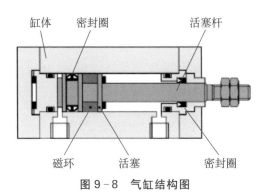

图9-8　气缸结构图

气缸种类繁多，应该根据工作要求和条件，正确选择标准气缸类型。比如在高温环境下应需选用耐热气缸。在腐蚀环境下，应需选用耐腐蚀气缸。要求气缸到达行程终端无冲击现象则应选择缓冲气缸。若使用环境下有较多灰尘，则需要在活塞杆伸出端安装防尘罩。要求制动精度高，则应选择锁紧气缸。要求工作环境中无污染，则需选用无给油或无油润滑气缸等。其具体的选型步骤如图9-9所示。

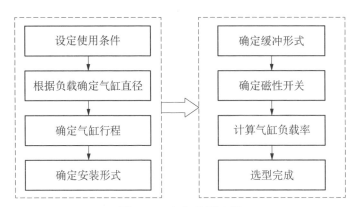

图9-9　气缸选型步骤

9.4 液压缸

液压缸是液压传动系统中的执行元件,其主要功能是将油液的压力转变成直线往复运动,用于完成系统所需的各种动作,具有结构简单、工作可靠等优点。用它来实现往复运动时,不需要减速装置,并且不存在传动间隙,运动平稳,因此在各种机械装备中得到广泛应用。液压缸输出力和活塞有效面积及其两边的压差成正比;如图 9-10 所示,液压缸基本上由缸筒和缸盖、活塞和活塞杆、密封装置、缓冲装置与排气装置组成。

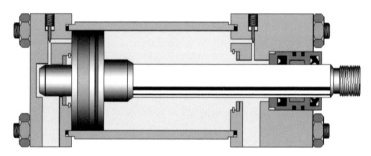

图 9-10　液压缸结构图

密封装置的作用是防止液压系统中的油液泄露,凡是在液压缸中有可能泄露的地方,都要采用密封装置进行密封。液压缸设置缓冲装置是为了缓冲活塞接近终点时所产生的巨大冲击力,这种冲击力会引起液压缸的损坏。液压缸中残存的空气不能顺利排出的话会使液压装置产生振动并发出噪声,影响设备的正常工作,为防止该现象的发生,需要安装排气装置。缓冲装置与排气装置视具体应用场合而定,其他装置则必不可少。

在选择液压缸时,首先需要确定所使用的压力值,该值可以根据使用设备来进行推算。在压力值确定后,即可利用相应的计算公式得到受力面积,即液压缸缸径。其具体的选型步骤如图 9-11 所示。

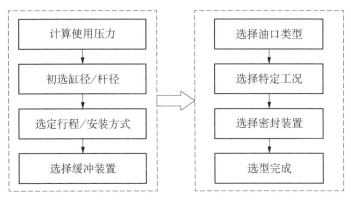

图 9 - 11 液压缸选型步骤

9.5 电动缸

电动缸是电机与丝杠一体化设计的模块化产品,以电力作为直接动力源,将电机的旋转运动转换为直线往复运动,是具有与气缸类似的运动特征的一种执行元件,是实现高精度直线运动系列的全新革命性产品。如图 9 - 12 所示,将电动缸任意组合,可以形成两轴到多轴的不同结构形式。相比气缸和液压缸,电动缸采用电控,控制较为方便,在工业设备上应用较为广泛。

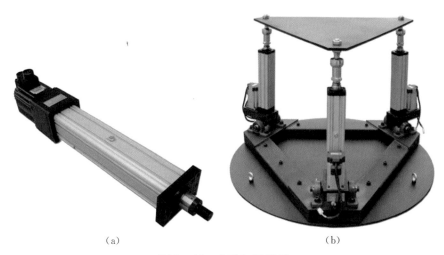

(a)   (b)

图 9 - 12 电动缸示意图

9.5.1 电动缸的机构

如图 9-13 所示,电动缸机构本体主要由丝杠 1、传动机构 2、导向套 3、轴承 4、丝杠支撑架 5、丝杠螺母 6、缸体 7 构成。电动缸在电机与机构本体的安装方式上可以分为三类,即直线式、折叠式和垂直式。直线式是指将电机与机构本体安装在同一轴线上,折叠式是指电机轴线与机构本体轴线平行安装,垂直式是指电机轴线与机构本体垂直安装。根据所需精度的不同可以选择采用步进电机或者伺服电机,传动机构可以是同步带传动或者齿轮传动。

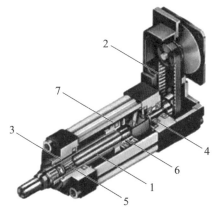

图 9-13 电动缸的结构

9.5.2 电动缸的优点

相比气缸和液压缸电动缸有着明显的优越性,其优点主要表现为:

(1) 定位精确。如果采用伺服电机作为动力,则可以极大地提高电动缸的控制精度,达到 0.01 mm 左右的定位精度。

(2) 传动效率高。由于采用了滚珠丝杠进行传动而实现直线往复运动,因此可以达到较高的传动效率,传动效率比传统的液压系统要高出大约 15% 左右。

(3) 响应速度快。响应速度约为传统液压系统的 2 倍。

(4) 使用寿命长。由于滚珠丝杠采用的是滚动摩擦传动,摩擦力较小,可以提高电动缸的使用寿命。

（5）结构紧凑。相比气缸和液压缸，体积较小，可以充分利用空间。

9.5.3 电动缸的选型

各种产品所需的电动缸种类不尽相同，因此需要对电动缸进行选型，其具体的选型步骤如图 9 - 14 所示。

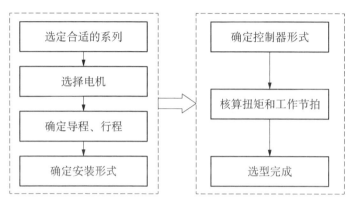

图 9 - 14 电动缸选型步骤

参考文献

[1] 华大年,华志宏.连杆机构设计与应用创新[M].北京:机械工业出版社,2008.

[2] 石永刚,吴央芳.凸轮机构设计与应用创新[M].北京:机械工业出版社,2007.

[3] 孙恒,傅则绍.机械原理[M].北京:高等教育出版社,1989.

[4] 于影,于波等.轮系的分析与设计[M].哈尔滨:哈尔滨工程大学出版社,2007.

[5] 张国良,敬斌等.自主移动机器人设计与制作[M].西安:西安交通大学出版社,2008.